CATALOGUE
DE CURIOSITÉS
NATURELLES
D'UN BON CHOIX,

Consistant en Mines d'or, d'argent, cuivre, fer, plomb, étain, mercure, antimoine, bismuth, cobalt, arsenic, soufre, pyrites, crystallisations, spath, &c; madrepores, échantillons de marbre, agate, & autres objets,

Qui composent le Cabinet

de M. L. C. D. L. T. D.

CETTE *Vente se fera le 6 Février de relevée, & jours suivants, rue des Frondeurs, à l'hôtel des quatre Provinces.*

Le présent Catalogue se trouve

A PARIS,

Chez
MUSIER, Pere, Libraire, Quai des Augustins.
PIERRE REMY, rue des Grands Augustins.
Mᵉ. DUFRESNE, Huissier-priseur, rue du Four.

M. DCC. LXXV.

CATALOGUE

D'UN CABINET

D'HISTOIRE NATURELLE,

Consistant en Mines d'Or, Argent vierge, rouge, crystallisé, &c.

Mines d'Or.

1 Or cru, en végétation, figuré en larges feuilles recouvertes des deux côtés de petits crystaux d'or : ce morceau distingué vient des mines de Hongrie.

2 Mine d'or cru, en lames formées de petits crystaux, dans un quartz micacé, de Hongrie : ce morceau ne cede point au précédent.

A

3 Mine d'or crû, en lames découpées en feuilles de fougere, & élevées en végétation sur un quartz gris, de Hongrie.

4 Autre morceau singulier d'or cru, en cheveux & petites follicules dans une fine crystallisation de quartz, de Hongrie.

5 Or cru, en follicules délicates, sur un quartz brut, de Hongrie.

6 Un joli morceau d'or cru, en feuilles crystallisées, de Hongrie, dans un quartz blanc; une des lames d'or est recouverte par une feuille de spath rhomboïdal transparent, au travers de laquelle on la voit: ce morceau est de Hongrie.

7 Un beau morceau de mine d'or cru, en feuilles crystallisées, sur matrice de cinabre, de Hongrie.

8 Mine d'or cru, en lames, sur laquelle on distingue des crystaux d'or dans un quartz blanc garni d'or cru, de Transilvanie.

9 Mine d'or cru; dans une mine de fer, avec cobalt noir & mercure.

10 Un grand & superbe morceau de blende noire crystallisée, très brillante, tenant or, de Hongrie.

11 Mine morte d'or, sur quartz crystallisé, de Hongrie.

12 Blende arsénicale, avec pyrites
d'or, dans un quartz découpé par
des cavités triangulaires, de Hongrie.

13 Un beau grouppe de pyrites crystallisées, très brillantes, sur une base
de blende contenant or, de Hongrie.

14 Un grand & beau morceau de py-
rytes d'or, dans un quartz lamelleux frangé blanc, de Hongrie.

15 Idem, plus étendu.

16 Morceau agréable de pyrites d'or,
sur une crystallisation de quartz
blanc, en fines éguilles, de Hongrie.

17 Quatre morceaux de pyrites d'or,
de Hongrie, dans des quartz lamelleux frangés de différentes couleurs.

18 Deux morceaux; l'un de pyrites d'or
de Hongrie, avec fer & une jolie
crystallisation; l'autre de fer spéculaire crystallisé en lames très brillantes de Souabe: la mine est per-
due.

19 Deux morceaux; l'un de pyrite

d'or de Hongrie, dans un quartz lamelleux déchiqueté ; l'autre de mine de fer de Souabe cryftallifée, dont les lames fe contournent l'une fur l'autre en forme de vis.

20 Idem, variées.

21 Idem, variées.

22 Idem, variées.

23 Pyrites de la même efpece, tenantes or, & une cryftallifation de quartz, avec blende & plomb, du Hartz.

24 Une ardoife fur laquelle on apperçoit de légeres pellicules d'or cru, du Pérou ; un morceau de pyrites cryftallifées qui donnent quelquefois de l'or ; & une boîte pleine de fable du Rhin, dans lequel les paillettes d'or cru font fenfibles.

Argent vierge.

25 Une très belle ramification d'argent vierge végété en éventail : ce riche morceau, coloré par une pouffiere arfénicale, vient des anciennes mines de Sainte Marie.

26 Une belle & riche végétation d'argent vierge en éguilles, fans ma-

trice. Ce morceau diftingué vient des anciennes mines de Saxe.

27 Argent vierge en buiffon, dont les branches fe difperfent agréablement. Cette belle végétation eft encroûtée de fpath blanc, du Furftemberg.

28 Argent vierge en végétation, en efpalier, fur une matrice de quartz gris, traverfé de végétations compactes d'argent, de Freyberg.

29 Un morceau précieux d'argent vierge végété, & entrelaffé dans un fpath découpé à jour, de Ste Marie.

30 Mine d'argent vierge végété, entremêlé de mine de plomb luifante, d'argent vitré, d'arfénic & de quartz, de Sainte-Marie.

31 Riche morceau d'argent vierge n feuilles de fougere, avec un peu de fpath blanc. Ce morceau eft prefque tout argent, & mérite d'être remarqué, du Hartz.

32 Un grouppe d'argent vierge cryftallifée, de Sainte-Marie, avec fleurs de cobalt violet (l'art peut avoir contribué à fa beauté).

33 Argent vierge ramifié en éventail fans matrice, de Saxe.

34 Argent vierge, en cheveux, dans une cavité de quartz cryſtalliſé ; la gangue eſt une mine de cobalt blanche.

35 Argent vierge en buiſſon, ſans matrice, de Saxe.

36 Pluſieurs végétations d'argent, ſur une cryſtalliſation de quartz gris, recouvert en partie de ſpath perlé, de Saxe.

37 Riche morceau d'argent vierge, végété en forme d'if, ſur un quartz blanc cryſtalliſé, de Saxe.

38 Argent vierge végété en forme d'eſpalier, de Saxe.

39 Argent en végétation très riche, diſpoſée en brouſſailles dans un ſpath, de Konsberg.

40 Argent vierge en végétation, ſans matrice, de Saxe.

41 Argent vierge en végétation, dans du ſpath, de Saxe.

42 Végétation d'argent vierge cryſtalliſé en forme de fougere, courbée ſur une cryſtalliſation de quartz, de Saxe.

43 Ramifications très fines d'argent vierge, ſur un quartz, de Savoie.

44 Argent vierge en végétation rami-

fiée, avec argent en pouſſiere, dans le quartz, du Comté de Spon-hem.

45 Argent vierge en végétation dans l'intérieur d'une aiguille de cryſtal de roche, avec autres accidents, du Potoſi.

46 Argent vierge cryſtallifé en arbriſ-feau, dans un ſpath, de Saxe.

47 Argent vierge en végétation, dans une mine de fer ſpathique, de Hon-grie.

48 Argent vierge, entre deux filons de granite, de Sainte-Marie.

49 Argent vierge en cheveux de cou-leur rouge, dans une matrice d'ar-gent vitrée, avec pyrites & quartz, de Freyberg.

50 Argent vierge ſolide, cryſtallifé en cubes, dans un ſpath blanc, du Du-ché de Furſtemberg.

51 Argent vierge végété dans le ſpath, du Hartz.

52 Argent cru compacte en pointes, dans une mine de cobalt noir, avec fleurs de cobalt & quartz, du Furſtem-berg.

53 Argent vierge en cheveux, dans

une cryſtalliſation de quartz brillante , de Freyberg en Saxe.

54 Joli morceau d'argent vierge en petites feuilles brillantes , dans un ſpath blanc , poſé ſur un ſocle d'agathe. Plus , un morceau d'argent noir en lames , mêlé d'argent rouge, du Hartz.

55 Morceau intéreſſant d'argent vierge en cheveux , dans une mine de cobalt noir , ſur un ſpath blanc de Saxe.

56 Argent vierge , dans une mine de fer micacée , du Pérou.

57 Argent vierge en cheveux, dans une mine d'argent noir , avec fluor d'améthyſte cubique., dans un roc gris, de Bohême.

58 Mine de cobalt blanc ſtrié , avec argent vierge en cheveux & ſpath blanc , des anciennes mines de Ste. Marie.

59 Argent vierge en cheveux & en pouſſiere, avec pyrites, dans une matrice de roc gris , couvert d'effloraiſons arſénicales , des mêmes mines.

60 Argent vierge en végétation , dans un quartz cryſtalliſé , avec ſpath perlé blanc.

61 Argent vierge figuré en nœuds, avec spath & granite, de Hongrie.

62 Argent vierge en lames, sur un fluor d'améthyste, avec soufre & mine d'étain, de Bohême.

63 Argent vierge en cheveux, dans une mine de cobalt noir, avec spath blanc, de Bohême.

64 Jolie crystallisation de quartz mamelonné, avec argent vierge en cheveux, & cuivre crystallisé.

65 Trois morceaux de mine d'argent, savoir ; un avec arsénic & pyrite, dans un quartz semé d'agent en poussiere, de Bohême ; un d'argent vierge en cheveux, & un d'argent en masse avec le fer spathique.

Argent cru, noir.

66 Un morceau d'argent cru, noir, en arbrisseau d'une jolie forme, sur une mine d'argent noir, en masse très riche, du Hartz.

67 Argent cru, noir en végétation, formant un arbre qui prend naissance dans une matrice de quartz, avec un peu d'argent rouge, du Hartz.

A v

68 Argent cru, noir, en cheveux, sur mine de plomb noir, avec ocre ferrugineuse, de Sainte-Marie.

Argent vitré qui se coupe au couteau.

69 Morceau considérable de mine d'argent vitrée en boutons, dans une matrice pyriteuse & arsénicale, de Sainte Marie.

70 Très riche morceau de mine d'argent vitrée crystallisée, avec argent rouge, dans un spath, de Sainte-Marie.

71 Mines d'argent vitrée en dendrites, dans un roc micacé, du Hartz : un morceau d'argent vitré en végétation rare, dans une jolie crystallisation grise ferrugineuse, avec galene luisante, de Saxe.

Argent rouge.

72 Un très beau grouppe de gros crystaux d'argent rouge disposés en gerbes, dans une matrice de spath crystallisée & d'argent gris : on remarque dans la base de plus petits crystaux d'argent rouge. Ce morceau,

un des plus beaux connus, eſt de Bohême.

73 Un gros & riche morceau d'argent rouge en maſſe ſolide , en partie cryſtalliſée , avec peu de quartz.

74 Morceau conſidérable d'argent rouge , avec un peu de ſpath blanc , pyrites & fer de Sainte Marie.

75 Argent rouge , clair & tranſparent, ſur un ſpath blanc cryſtalliſé , le revers eſt d'arſénic , mêlé d'argent noir.

76 Argent rouge cryſtalliſé avec argent vierge & argent gris auſſi cryſtalliſé dans une quartz druzen avec ſpath perlé ſur une baſe de roc gris : ce morceau agréable eſt du Furſtemberg.

77 Argent rouge grenu & cryſtalliſé en colonnes dans une mine de fer, & argent gris , de Bohême.

78 Mine d'argent rouge cryſtalliſée avec argent gris , & mine de fer du Duché du Furſtemberg.

79 Mine d'argent rouge cryſtalliſée & en filons avec mine d'étaim en grains & ſpath, du Hartz : plus, un joli morceau d'argent rouge cryſtalliſé tranſparent dans un ſpath perlé, des anciennes mines de Sainte Marie.

A vj

80 Argent rouge très riche , en masse ,
en partie crystallisée avec spath , de
Bohême.

81 Argent rouge crystallisé en fines
éguilles avec galene , dans un roc
gris, du Hartz.

82 Masse de crystaux d'argent rouge
réguliers, de Bohême.

83 Argent rouge plombé , fort riche ,
avec un peu de quartz & de bismuth,
du Hartz.

84 Argent rouge en filons dans un
quartz de Sainte Marie.

85 Joli morceau de mine d'argent
rouge crystallisé dans un quartz aussi
crystallisé avec argent gris, de Sainte
Marie.

86 Mine d'argent rouge avec argent
gris crystallisé , & cuivre jaune coloré dans un quartz brillant, de Bohême.

87 Argent rouge avec cuivre , fer &
spath, du Hartz.

88 Riche morceau de mine d'argent
gris en mamelons, avec argent rouge
crystallisé dans un spath, de Bohême.

89 Trois morceaux de mine d'argent :
savoir , mine d'argent rouge dans
une galène, avec cuivre, de Hongrie :

mine d'argent rouge avec fer spathique, de Bohême : argent en filets capillaires en dendrites, sur une mine de plomb avec cobolt noir, cuivre & blende, du Hartz.

90 Quatre morceaux de mine d'argent : savoir, deux morceaux de mine d'argent rouge en filons dans le quartz, avec argent gris ; un d'argent avec bismuth, & un d'argent gris avec spath perlé aurore, de Bohême.

Argent gris crystallisé.

91 Un très beau morceau de mine d'argent grise crystallisée en pyramides triangulaires, spéculaires, avec argent vierge en cheveux & spath crystallisé, de Bohême.

92 Un grand & riche morceau d'argent gris crystallisé en pyramides triangulaires, garni sur toutes ses faces d'un spath crystallisé en colonnes à 6 pans, 10 pouces de large, sur 7 de long, de Sainte Marie.

93 Un très joli morceau de mine d'argent grise crystallisée, très brillante, avec argent vierge, en cheveux, quartz, spath crystallisé, de Bohême.

94 Mine d'argent grise crystallisée avec quartz brillant, de Saxe.

95 *Idem*, très brillante.

96 *Idem*, avec spath rhomboïdal, de Sainte Marie.

97 *Idem.*

98 Mine d'argent grise crystallisée en pyramides triangulaires, composées de feuillets entassés & revêtus d'une couche pyriteuse; & argent gris en filets capillaires, avec une crystallisation de spath en pointes de clous, des anciennes mines de Sainte Marie.

99 Mine d'argent grise crystallisée dans un quartz brillant, du Hartz.

100 Morceau intéressant en argent gris crystallisé dans une mine de cuivre gorge de pigeon, découpé en enfoncements cubiques, du Hartz.

101 Trois morceaux d'argent: savoir, mine d'argent grise, gorge de pigeon, avec spath, sur une base de quartz, du Hartz; mine d'argent crystallisée, déchiquetée, avec galène, sur un spath blanc lenticulaire, de Sainte Marie; un joli morceau d'argent gris crystallisé, chatoyant, gorge de pigeon, avec quartz crystallisé, & spath lenticulaire, couleur d'améthyste, de Hongrie.

102 Mine d'argent gris cryftallifé &
coloré, recouvert d'une jolie cryftallifation de fpath triangulaire,
blanc, opaque; chacun des cryftaux
eft formé par de petites colonnes
exagones, entaffées; la bafe, qui eft
quartzeufe, contient des lames de
cuivre vierge, de Sainte Marie.

Argent gris.

103 Mine d'argent grife en filons,
dans une matrice de quartz cryftallifé en crêtes de coq, couvertes de
verd & de bleu de montagne : ce
joli morceau eft des anciennes mines de Saxe.

104 Morceau très agréable de mine
d'argent grife, en filons, avec fer
fpathique; on y remarque des cavités
tapiffées de jolies pyrites dode-
caedres, couleur d'or & chatoyantes, de Baffe Navarre.

105 Mine d'argent grife en filons, fur-
montée de fpath perlé, & de cryftaux de fpath, lenticulaires, blancs,
tranfparents, de la plus belle eau.

106 Riche morceau d'argent gris en

filons, mêlé de fpath blanc & de quartz de Sainte Marie.

107 Mine d'argent gris avec azur cryftallifé, & verd de montagne dans une mine de fer, de Freyberg.

108 Argent gris recouvert de malachite & d'azur, dans une mine de fer, des anciennes mines de Caffel.

109 Un très gros morceau de mine d'argent grife, avec verd & bleu de montagne, & différentes cryftallifations de quartz en lames : ce riche morceau vient des anciennes mines de Sainte Marie.

110 Argent gris cryftallifé, avec quartz & arfenic mamelonné ; un morceau de mine de fer fpéculaire, très brillant, cryftallifé en lames.

111 Quatre morceaux d'argent : favoir, un en cheveux avec mine de fer & quartz cryftallifé ; un d'argent rouge cryftallifé dans de l'argent gris;un d'argent gris cryftallifé,& un d'argent vitré en lames, de Schomberg.

112 Mine d'argent grife en plufieurs filons, dans un fpath blanc miroité, des anciennes mines de Sainte Marie.

113 Deux gros morceaux de mine d'argent gris coloré, l'un dans une matrice de roc gris, l'autre dans un quartz déchiqueté & cryſtalliſé, du Hartz.

114 Treize mattes de mines d'argent, la plupart très riches, peuvent fournir beaucoup d'argent.

Cuivre vierge.

115 Mine de cuivre vierge en lames & en feuilles entremêlés dans un quartz, de Bohême.

115 Mine de cuivre rouge cryſtalliſée, brillante, avec gros cryſtaux de quartz, des anciennes deSainte Marie.

Malachite.

117 Un joli morceau de malachite rubannée, ſolide, d'une belle couleur, polie ſur une face, avec hématite noire mamelonnée, de Sibérie.

118 Malachite ſatinée recouverte d'efflorefcence blanche, dans une mine de fer, du Tillot; un morceau de mine de cuivre verd cryſtalliſé dans une matrice de bitume, avec fer, de

Hongrie ; mine de cuivre verte en petits cryſtaux recouvrant en entier un quartz mamelonné déchiqueté.

119 Malachite ſur une mine de cuivre mamelonnée, avec fer ; mine de cuivre azurée, micacée dans une matrice argilleuſe, de Suede; un joli morceau de quartz cryſtalliſé, recouvert de cuivre ſoyeux, du Hartz; un morceau de mine de cuivre violette, avec cuivre verd ſoyeux, dans un quartz cryſtalliſé, ſur une baſe de ſpath.

Cuivre verd & cuivre bleu.

120 Un très beau morceau de cuivre azur cryſtalliſé à gros cryſtaux, avec cuivre verd ſoyeux en gerbe, de couleur agréable ; la baſe contient bleu & verd de montagne, de Sibérie.

122 Un ſuperbe morceau de mine de cuivre azurée, formant pluſieurs cavités cryſtalliſées, avec verd de montagne, dans une matrice contenant argent gris & ocre ferrugineuſe, de Freyberg.

122 Jolie cryſtalliſation quartzeuze en lames déchiquetées , avec de petites houppes de filets concentriques de cuivre ſoyeux verd , de la plus riche couleur , des mines du Tillot.

123 Un beau morceau d'azur cryſtalliſé , ſur un quartz caverneux.

124 Quatre mines de cuivre, ſavoir , mine de cuivre verd ſoyeux cryſtalliſé ; mine de cuivre bleu cryſtalliſé , & deux de cuivre coloré cryſtalliſé.

125 Un beau morceau de cuivre verd cryſtalliſé , & un canon de ſpath cubique , avec pyrites chatoyantes.

126 Un morceau de bois minéraliſé en fer , & garni dans les cavités de cuivre ſoyeux verd , du Hartz ; un morceau de cuivre jaune cryſtalliſé, ſpéculaire , avec quartz brillant.

127 Cinq morceaux de mines, ſavoir; cuivre bleu en grains ; cuivre verd ; mine de plomb blanche, ſpathique ; mine de cuivre natif ; mine de cuivre coloré cryſtalliſé.

128 Trois morceaux de mine de cuivre , ſavoir ; cuivre verd & bleu cryſtalliſé ; cuivre avec cryſtalliſation & cuivre jaune.

129 Trois autres, savoir; mine de cuivre satinée dans le cuivre violet du Tillot; mine de fer, cryſtallifée en crête de coq, avec petits grouppes de cuivre cryſtallifé, de Bohême; mine de cuivre, avec cryſtaux de quartz.

130 Trois autres, savoir; mine de plomb mamelonnée, avec de petits boutons de cuivre ſoyeux & fer, du Hartz; cuivre cryſtallifé & coloré, avec cryſtallifation de Hongrie; cuivre en gros mamelons, avec verd de montagne, quartz déchiqueté, & mine de plomb de Danemarck.

131 Dix morceaux de mines, savoir, trois variétés de mine de cuivre vert ſoyeux; une de cuivre coloré, avec cobalt noir; une de cuivre bleu cryſtallifé, de Bulac; une de fer, & quatre de pyrites.

Cuivre jaune.

132 Mine de cuivre cryſtallifé gorge de pigeon, avec cryſtaux de quartz brillants, de Bohême.

133 Mine de cuivre coloré queue de paon, avec cryſtaux de quartz brillants, du Hartz.

134 Mine de cuivre violette mamelonnée en gerbes, avec verd de montagne. Ce morceau est intéressant, & vient d'Angleterre.

135 Deux morceaux de cuivre queue de paon ; l'un dans le quartz, de Bohême ; l'autre plus riche en couleur, avec verd de montagne, du Tillot.

136 Mine de cuivre crystallisé gorge de pigeon, portée sur le spath, dans une matrice de roc gris, de Bohême.

137 Idem , plus beau.

138 Idem.

139 Idem.

140 Idem.

141 Deux très gros morceaux de cuivre crystallisé coloré, avec crystallisation.

142 Deux morceaux de mine de cuivre ; l'un queue de paon, du Hartz, avec crystaux de quartz brillants ; l'autre de cuivre verd, avec le même accident.

143 Deux morceaux de cuivre ; l'un violet, chatoyant, de la plus vive couleur, de la haute Hongrie ; l'au-

tre, avec blende rouge cryſtalliſé, de Hongrie.

144 Quatre morceaux de mine, ſavoir; mine de cuivre rouge, avec
verd de montagne; cuivre en aiguilles ſatinées, vertes, dans un quartz;
un joli morceau de blende noire
cryſtalliſée, & un de ſoufre gris
natif.

145 Mine de cuivre jaune, en partie
cryſtalliſée, & brillante par filons,
entremêlée de cryſtaux de quartz,
dans une matrice de roc gris.

146 Morceau de cuivre jaune, avec
quartz & ſpath, coloré en verd par
le cuivre, & ſatiné, de Bohême.

147 Mine de cuivre jaune, cryſtalliſée, avec cryſtaux de quartz brillant, de Bohême. Plus, un joli
morceau de mine de cuivre chatoyante cryſtalliſée, dans une cryſtalliſation de quartz druzen brillant, du Tillot.

148 Cinq gros bloc de cuivre coloré
& cryſtalliſé.

149 Cinq idem. & une groſſe pyrite
décompoſée, ſulphureuſe & vitrioli-
que.

Plomb vert.

150 Mine de plomb vert-d'eau cryftallifé , végété en gerbes folides : ce
morceau du premier mérite vient de
Fribourg en Brifcaw.

151 Un grand & beau morceau de
plomb vert , cryftallifé en colonnes
éparfes fur une mine de fer , de la
Croix.

152 *Idem* moins confidérable.

153 *Idem* très régulier & agréable.

154 *Idem* de même grandeur.

155 Très beau grouppe de plomb fpathique vert de poreau, en gros canon
à fix pans , creux intérieurement ,
fur une matrice d'hématite noire fa-
tinée de Boheme.

156 Mine de plomb vert fpathique
mameloné , recouvert d'ocre ferrugineufe , du Hartz.

157 Deux morceaux de mine : l'un de
plomb vert cryftallifé dans une mine
de fer ; l'autre, une blende rouge
cryftallifée , recouverte de cryftallifations de quartz tranfparent.

Plomb spathique blanc.

158 Mine de plomb spathique blanche satinée, cryftallifée en tombeaux, en cryftaux épars fur une mine de fer, avec galene, dans une matrice de roc gris, du Harts.

159 *Idem* de forme platte.

Idem avec cryftaux de plomb blanc foyeux & capillaire fur le fond.

160 Deux morceaux de plomb blanc; l'un en gros cryftaux confufément entaffés en fagots, avec hématite noire végétée ; l'autre , de plomb blanc foyeux, recouvert de cuivre foyeux cryftallifé, tous deux de Hongrie.

161 Deux autres plombs blancs en aiguilles foyeufes, avec une cryftallifation tranfparente, de Hongrie; l'autre , de plomb bleuâtre, avec quartz Drufen, d'Almaden en Efpagne.

Plomb blanc.

162 Plomb en aiguilles & en lames, dans une mine de fer contenant plomb, de la Croix.

163

163 Plomb blanc cryſtalliſé en aiguilles brillantes, ſur une matrice de
roc ferrugineux, de Boheme.

164 Mine de plomb blanc en aiguilles très fines, ſur mine de fer, avec
baſe de quartz, de Hongrie.

165 Deux morceaux de mines de
plomb, dont un de l'eſpece de l'art.
162, & un de plomb avec argent,
ſur matrice de ſpath blanc mêlé d'arſenic, du Hartz.

166 Trois morceaux de mines de
plomb : une de plomb blanc cryſtalliſé en lames dans une mine de fer
blanche de Boheme ; une en galene
avec fluor d'améthyſte cubique de
Boheme ; & une en galene brillante,
avec plomb blanc quartz & ocre
ferrugineuſe de Sainte-Marie.

167 Un beau morceau de plomb blanc
cryſtalliſé en lames, avec plomb
noir, de Poupean : plus un morceau
de ſel gemme, dans ſa matrice argilleuſe, du Tirol.

168 Mine de plomb blanche cryſtalliſée de la Croix : une mine d'argent vitrée, & une de mercure coulant.

Galene.

169 Deux morceaux de mine de plomb
tessulaire de choix : l'un à grandes
facettes, avec filons d'arsenic & de
galene du Hartz ; l'autre est un
quartz cryssallisé très agréable, sur
lequel sout deux grouppes de crystaux de plomb tessulaire réguliérement conformés.

170 Mine de plomb très rare en galene, à gros cubes recouverts en entier de crystaux & d'hyacinte.

171 Un très beau bloc de mine de
plomb cryssallisé, riche en argent,
avec cryssallisation de spath en aiguilles.

172 *Idem.*

173 Un très grand morceau de galene
brillante, à grands cubes avec spath
perlé, & quartz cryssallisé sur une
matrice de roc.

174 Un grand & beau morceau de galene feuilletée, spéculaire en pal-
mes ou en feuilles de chêne, des
plus anciennes mines de Sainte-Marie ; plus un joli morceau de galene

cubique , avec fpath perlé , fur une matrice de roc, de Franche-Comté.

175 Deux morceaux de mine de plomb, l'un rare de galene dans le charbon de terre , entre deux couches de roc ferrugineux, d'Angleterre ; l'autre , une galene à grands & petits cubes grouppés avec un fpath lenticulaire brillant, de Saxe.

176 Deux autres; l'un une galene chatoyante , queue de paon , dans un fpath blanc, de Sponheim ; l'autre galene en cubes ifolés fur une matrice de roc ferrugineux,de la Croix en Lorraine.

177 Joli morceau de mine de plomb teffulaire & brillante , femée fur une belle cryftallifation , de quartz de Hongrie.

178 Mine de plomb en gros noyaux cryftallifés en lozange , dans une mine de fer limoneufe, de Boheme.

179 Mine de plomb grainée, riche en argent dans une matrice de roc , du Duché de Sponheim : autre de plomb cryftallifé , avec fpath lenticulaire, de Boheme.

180 Un gros morceau de galene brillante, riche en argent, de Boheme.

181 Mine de plomb teſſulaire, cryſtallifé avec fluor cubique blanc, recouvert de points pyriteux.

182 Plomb teſſulaire avec une jolie
cryſtallifation de trois ſpaths variés ;
l'un en aiguilles opaques neigeuſes ;
le ſecond en grains d'orge, & celui
qui fait la baſe en petites écailles
brunes. Deux morceaux, l'un de
galene dans un quartz, avec grains
de blende ſur ſa ſurface de Hongrie ;
l'autre de plomb avec quartz cryſtallifé, & cuivre ſoyeux vert, de Sibérie.

183 Deux autres, l'un de plomb teſſulaire avec pyrites, l'autre de plomb
en aiguilles.

184 Deux morceaux choiſis de mine
de plomb en galene ; l'un avec fer
ſpathique ; l'autre avec pyrites cryſ-
tallifées chatoyantes.

185 Quatre autres ; ſavoir, mine de
plomb recouverte en entier de mines de cuivre bleu cryſtallifée ; mines de plomb teſſulaire cryſtallifé ;
mine de plomb blanche ſatinée en
aiguilles avec bleu de montagne, de
Hongrie ; mine de plomb en gros
mamelons avec aiguilles de plomb
blanc.

186 Quatre morceaux; favoir, mine de plomb dans du charbon de terre; autre avec blende cryftallifée; autre de plomb cryftallifé végété; une de plomb teffulaire avec cryftaux de quartz.

Fer.

187 Très beau morceau de mine de fer fpéculaire, cryftallifée en lames en bizeaux, contournées l'une fur l'autre, en forme de vis, de Souabe.

188 *Idem*, avec quartz.

189 *Idem*, à plus petits cryftaux.

190 *Idem* accidenté différemment.

191 *Idem* varié dans la cryftallifation.

192 *Idem.*

193 Un grand morceau de mine de fer cryftallifée en lames, 11 pouces de long, fur 9 d'épaiffeur.

194 *Idem.*

195 Un beau morceau de fer fpéculaire cryftallifé très brillant, avec quartz en cryftaux de Souabe.

196 Une belle hématite noire en grappe de raifin, d'Efpagne.

197 Hématite rouge en grappe de raifin, d'Efpagne.

198 Deux morceaux de mines de

fer spéculaire cryftallifé en lames amoncelées, & placées par gros boutons fur une cryftallifation de quartz brillant, de Souabe , & un morceau de cryftallifation bleue déchiquetée avec fer.

199 Deux mines de fer ; l'une fpéculaire cryftallifée ; l'autre de fer brune en grappe , avec mine de plomb fpathique cryftallifée.

200 Deux mines de fer; l'une de fer fpéculaire en faifceaux ; l'autre de de plomb blanc en gerbes , avec fer, de la Croix.

201 Un morceau de fer fpéculaire cryftallifé : plus un morceau de blende cryftallifée chatoyante.

202 Un fer fpéculaire cryftallifé très brillant, & un morceau fingulier de charbon , dont chaque couche eft féparée par des grains de laitier fondu.

203 Un morceau de fer fpéculaire en vis , pareil au précédent , & une blende feuilletée.

204 Deux fers fpéculaires , dont l'un eft recouvert par une efflorefcence arfénicale.

205 Mine de plomb fpathique blanche

en aiguilles, dans une mine de fer,
& un fer spéculaire.

206 Fer de l'article précédent; plus
une crystallisation quartzeuse contenant pyrites d'or, de Hongrie.

207 Trois mines de fer; l'une en hématite, une autre avec crystaux de
plomb blanc, & une de fer crystallisée en crête de coq.

208 Deux mines de fer; l'une spéculaire crystallisée en petites lames;
l'autre d'hématite noire, avec bitume & plomb blanc crystallisée,
de Treves.

209 Trois gros morceaux; un de fer
friable, brillant; deux de fer spathique, dont un rouge.

210 Trois mines de fer, une en stalactite en choux-fleur, sur matrice
de grais; une avec crystallisation
encroûté d'hématite, & une spéculaire crystallisée.

211 Trois morceaux; un de quartz déchiqueté, ferrugineux, avec fer
crystallisé; un de fer spéculaire,
crystallisé, mêlé avec des crystaux
de quartz blanc, & un grouppe de
spath écailleux, très agréable.

212 Trois jolis morceaux de fer spé-

culaires, dont les cryſtaux ſont mê-
lés avec ceux de quartz.

213 Suite très intéreſſante de mine de
fer limonneuſe & brune, dont pluſieurs de bois minéraliſé en fer.

214 Un morceau de fer ſpéculaire,
cryſtalliſé par filons ; deux hématites noires, & un morceau d'argent gris en cryſtaux triangulaires,
recouverts d'une pouſſiere arſéni-
cale, dans les cavités d'un ſpath
perlé.

215 Mine de fer ſpathique, blanche,
cryſtalliſée en crête de coq, avec
cryſtaux d'argent gris triangulaires,
& cuivre coloré, de Baſſe Navarre.

216 Quatre morceaux de mine de fer,
dont une hématite en herbe, de Bohême ; une de fer, noire, caillou-
teuſe, avec plomb blanc, de Hongrie ; une de mine de fer, recouverte d'aiguilles de cryſtal de roche,
de Sardaigne.

217 Deux autres ; l'une d'hématite,
noire, végétée en grappe de raiſin,
de Suede ; l'autre, de mine de fer,
mêlé de cryſtalliſation de quartz,
de Bavierre.

218 Huit morceaux de fer, ſavoir ; un

de fer spéculaire crystallisé ; un d'hématite noire, mamelonnée , avec quartz déchiqueté ferrugineux , & aiguilles de plomb blanc , hématite en grappe de raisin , avec quartz blanc, de Cologne ; crystallisation de quartz ferrugineux , de Framont en Lorraine , & quatre pyrites de fer à pointes de clous , de Bohême.

219 Deux morceaux de mines de fer spathique ; l'une avec plomb , cuivre , blende noire, de Basse Navarre ; l'autre en lames , sur une base de quartz crystallisé , recouvert de spath , du même endroit.

220 Deux hématites ; l'une striée , noire , solide , de Bohême ; l'autre en tuyaux d'orgue , avec ocre ferrugineuse , du Comté de Brandebourg.

221 Six morceaux de mines de fer , savoir ; deux hématites , du Furstemberg ; une en chou-fleur ; l'autre mamelonnée , luisante ; hématite luisante, noire, en grappe de raisin, de Suede, mine de fer & argent, de Bohême ; hématite mamelonnée en petites aiguilles , avec bitume ,

de Hongrie ; hématite sanguine , de Framont en Loraine.

222 Trois mines de fer ; l'une d'hématite , avec quartz blanc , de Cologne ; une autre brune , globuleuse , avec fer crystallisé, en lames & crystaux de quartz, de Hongrie ; une de fer spathique , rougeâtre , avec quartz , de Sardaigne.

223 Deux autres ; l'une de fer crystallisé en lames, de Toscane ; l'autre très singuliere, en feuilles entassées l'une sur l'autre, de Bohême.

224 Trois hématites ; une très agréable, mamelonnée & feuilletée, avec couleurs d'Iris très vive, de Hongrie ; une noire, luisante , & à facettes, avec un peu de cuivre soyeux, de Tartarie , & une en stalactite , noire, alongée, de Konsberg.

225 Deux fers spéculaires , & deux spaths perlés , colorés en jaune par le fer , & vifs en couleur.

226 Trois fers, idem , & quatre crystallisations quartzeuses dorées , ferrugineuses.

227 Quatre morceaux choisis de fer spéculaire crystallisé.

228 Trois mines de fer , favoir ; fer fpéculaire cryftallifé ; fer avec verd de montagne ; fer avec arfénic, foyeux blanc. Plus , un caillou d'ar- gille durci, femé dans fes gerçures de cryftaux de roche à deux pointes, nommés diamants, d'**Alençon**.

229 Deux morceaux dé fer fpéculaire, très réguliérement cryftallifé, & un fpath blanc , en écailles de poiffon.

230 Quatre morceaux de mines de fer ; un de fer fpéculaire cryftal- lifé ; un de blende écailleufe, bril- lante ; une hématite en tuyaux d'or- gue , & un fpath perlé , ferrugi- neux.

231 Trois morceaux de mine de fer , dont deux fpéculaires , cryftallifés , choifis , & un de fer fpatique mi- cacé.

232 Six morceaux de mines de fer fpéculaire , des efpeces ci-devant décrites.

233 Plusieurs morceauux distingués
de fer spéculaire crystallisés, qui se-
ront ainsi divisés.

Quatre morceaux.
Quatre autres.
Quatre idem.
Cinq idem.
Six idem.
Six idem.
Sept idem.
Six idem.
Six idem.
Six idem.
Quatre idem.
Quatre idem.
Six idem.
Six idem.

Flos ferri.

234 Un grand & beau morceau de flos
ferri, de Styrie, argenté & en ramification déliée, sur son pied de bois
noirci.

235 Un très beau grouppe de flos ferri
d'un beau blanc en stalactite, sur
une crystallisation calcaire transparente, d'une belle eau.

236 *Idem.* plus petite.

237 Un grand & beau morceau de flos ferri, ondé & tuilé en forme d'écorce d'arbre, du plus beau blanc.

238 Un flos ferri de la forme la plus agréable, à ramifications très délicates, imitant un forêt de face.

239 Flos ferri en stalactite imitant l'oreille de porc, de Sainte Marie aux mines.

240 Autre très joli, le fond est verdâtre.

241 Flos ferri ramifié de Saxe.

242 *Idem.* Plus étendu, de Sainte Marie.

243 *Idem.* Plus, un morceau de flos feri branchu, de Styrie.

244 Deux autres très blanc, l'un en godet, l'autre en crête, de Saxe.

245 Un morceau très agréable de flos ferri, coloré en bleu par le cuivre, de Saxe.

246 Deux flos fevri de l'espece précédente, l'un applati & ondé, l'autre en guirlande, aussi de Saxe.

Etain.

247 Mine d'étain crystallisée sur toute

ses faces, dans une crystallisation argentine & talqueuse, de Bohême.

248 Beau morceau d'étain noir en gros crystaux, dans une matrice de roc talqueuse, de Bohême.

249 Mine d'étain noir crystallisée avec fluor cubique couleur d'améthyste, dans une matrice de roc sablonneux, de Bohême; plus, un morceau d'étain fondu, d'Angleterre.

250 Un morceau de mine d'étain qui paroît avoir souffert une vitrification dans l'intérieur de la terre, un morceau de fer spéculaire crystallisé, & une crystallisation ferrugineuse & quartzeuse.

Mercure.

251 Mine de mercure coulant dans un cinabre couleur de sang de bœuf, d'Almaden.

252 Mine de mercure coulant entre deux gangues d'asbeste & de quartz; des anciennes mines de Toscane.

253 Mine de cinabre ferrugineuse, avec cinabre en poussiere d'un rouge vif, de Hongrie.

254 *Idem.* En grappes, plus un joli

morceau de mercure coulant, d'Almaden.

255 Cinabre rougeâtre avec mine de mercure grife cryftallifée, & mercure coulant dans le fpath, du Palatinat.

256 Mine de mercure lamelleufe rouge chatoyante en dendrites, avec cinabre en poudre & mercure coulant, d'Almaden.

257 Mine de mercure rouge cryftallifé fpéculaire, avec mercure gris cryftallifé dans une matrice de roc gris, du Palatinat.

258 Morceau confidérable d'antimoine en groffes aiguilles fpéculaires avec mercure coulant.

259 Cinabre folide avec mercure coulant dans un fpath, du Palatinat.

260 Mine de mercure folide en maffe, couleur de fang de bœuf; cette mine qui reffemble à de l'argille rouge, donne le mercure coulant étant échauffée, eft rare & vient des anciennes mines de Hongrie.

261 Mine de mercure en cinabre, d'Almaden.

262 Six morceaux da cinabre d'un beau

rouge, mais qui paroiſſent être ai-
dés par l'art.

Antimoine.

263 Un beau & rare morceau d'antimoine en longues aiguilles capillaires diſpoſées en faiſceaux & cou-
ronné de lames de ſpath cubique, à
travers deſquels les pointes percent,
de Tranſilvanie.

264 Mine d'antimoine en aiguilles
capillaires ſemées ſur un quartz lamelleux, de Hongrie.

265 Un beau grouppe d'aiguilles brillantes d'antimoine, dans une matrice de roc gris.

265 * Mine d'antimoine étoilée, ſpéculaire, & en maſſe, de Hongrie.

266 Mine d'antimoine en aiguilles capillaires très brillantes, dans un
quartz déchiqueté, jaune, de Hongrie : plus, un morceau d'antimoine
en aiguilles rouges, du Hartz.

267 Cinq morceaux d'antimoine : ſavoir, un gorge de pigeon ſtrié avec
galêne & ſpath de Hongrie ; antimoine en aiguilles rouges ſtriées du

Hartz, autre en aiguilles grifes, antimoine en aiguilles fondues, & régule d'antimoine.

Cobalt.

268 Un morceau très rare de cobalt en fleurs pourpres folides, en aiguilles cryftallifées, grouppées dans une cavité de quartz cryftallifé, de Saxe.

269 Morceau confidérable de fleurs de cobalt en filons, mêlé de quartz avec arfenic blanc foyeux, en petits grains, dans une matrice de quartz cryftallifé, de Saxe.

270 Mine de cobalt grife en végétation imitant des grappes de raifin, dans une matrice de roc gris riche en cobalt, de Saxe.

271 Quatre morceaux de mines de cobalt: favoir, une cryftallifée dans une matrice de roc gris cryftallifé avec filons de cobalt; une rare ftriée en gerbe gorgé de pigeon avec argent gris blende & quartz cryftallifé, du Furftemberg; mine de cobalt blanche cryftallifée avec mine d'argent dans le fpath, de Saxe; une rare de cobalt vert, avec quelques filons de cobalt noir, dans un roc gris, de Pruffe.

Arſenic.

272 Un morceau d'arſenic blanc, natif, ſoyeux, mamelonné, d'un beau
volume.

273 Deux morceaux, l'un d'arſenic de
l'eſpece précédente, l'autre de ſoufre rouge cryſtalliſé, de Hongrie.

274 Orpiment natif dans le quartz de
Hongrie; autre de Saxe, & un morceau de ſoufre vierge, jaune brillant, du Velais.

275 Cryſtalliſation de quartz brillante, avec ſpath perlé argentin, &
points pyriteux de Saxe; plus, un
quartz cryſtalliſé, tranſparent, avec
arſenic blanc natif de Liege.

Biſmuth.

276 Mine de biſmuth ſolide, de Saxe,
& le régule de la même mine.

277 Une plaque de biſmuth, arbori-
ſée polie, un morceau de verre
d'antimoine, une ardoiſe avec pyrites, & une cryſtalliſation d'hyacinthe ſur du grès, de Danemarck.

Zinc.

278 Mine de zinc en blende cryſtalliſée rouge, en gros cryſtaux de la pre-
miere beauté, dans du quartz blanc,
de Saxe.

279 Quatre morceaux de blende de
couleurs variées, de Hongrie, dont
une belle cryſtalliſée.

Soufre.

280 Mine de ſoufre cryſtalliſée en
tombeaux, en gros cryſtaux ſemés
ſur un ſpath triangulaire, de Cadix.

281 Deux morceaux de ſoufre natif, &
un riche de zinc, ou molibdene mine de crayon.

Pyrites.

282 Un très beau grouppe de ſpath en
fuſeau verdâtre, dont l'intérieur eſt
ſemé de pyrites, d'Angleterre.

283 Un grouppe agréable de fluors cubiques, jaunes tranſparents, ſemés
ſur leurs ſurfaces de petits points pyriteux, & joint à un beau grouppe
de pyrites mamelonnées.

284 Une très grosse pyrite ferrugineuse
à pointes de clous ; une moins
grosse ; une autre en forme de pria-
polithe polie par un bout, & une
pyrite décomposée dans une cage de
verre.

285 Cinq pyrites : savoir, une plaque
de pyrites crystallisées en lames,
une marcassite en grande lame spéculaire ; un grouppe de pyrites crystallisées entre deux lames d'ardoise,
& deux autres morceaux, dont un
dans un schist noir.

286 Trois jolies crystallisations avec
pyrites, une sur de la mine de fer
spathique, de Basse Navarre ; une
avec blende noire crystallisée, de
Hongrie, & une sur du quartz, de
Saxe.

287 Deux morceaux de choix, dont un
de pyrites crystallisées, mamelonnées sur une base de plomb en galène, & un morceau de fer en lames
crystallisées spéculaires, de Souabe.

288 Une boîte pleine de pyrites de
crystallisations variées & de corne
d'Ammon pyriteuse, une pyrite ferrugineuse mamelonnée, avec gland
de mer ; une pyrite sulphureuse en

gerbe, & deux à pointes de clous, dont une très grosse.

289 Pyrites mamelonnées, crystallisées en grouppe.

290 Deux grouppes de Pyrites, l'un de pyrites recouvertes de spath, un autre de marcassites cubiques, dans une matrice de grès, & un morceau de spath cubique, avec fer spathique en lames.

Mines variées.

291 Deux morceaux, l'un de quartz crystallisé, ferrugineux, recouvert de cuivre soyeux; l'autre de mine d'argent grise crystallisée.

292 Deux autres, l'un de cuivre verd & malachite brillante avec argent gris; l'autre de fer spéculaire crystallisé avec hématite luisante, noire, mamelonnée.

293 Un très gros bloc de mine d'argent gris, & un de cuivre coloré, crystallisé.

294 Trois morceaux, galène avec argent cru, fer spéculaire crystallisé, étain en grenat dans un spath, de Bohême.

295 Trois autres ; l'un de fer spéculaire cryſtalliſé ; un de cuivre coloré, & un d'argent gris.

296 Trois morceaux, une hématite
noire mamelonnée, luiſante ; une
blende écailleuſe, & une mine d'argent griſe.

297 Trois autres ; un de plomb blanc
argentin ſuperficiel, ſur un quartz ;
un de verd de montagne, & un de
fer ſpéculaire cryſtalliſé en lames.

298 Quatre morceaux ; l'un de fer ſpathique ſolide, de Baſſe Navarre ;
un de mine d'argent, griſe, cryſtalliſée ; un de cuivre vert ſatiné, & un de cuivre coloré.

299 Quatre autres, une de mine d'é-
tain cryſtalliſé, noir, de Saxe ; une
pyrite d'or, de Hongrie ; une mine
de fer, avec plomb blanc ; mine de
fer ſpéculaire, de Soüabe.

300 Quatre morceaux, ſavoir ; une
cryſtalliſation de quartz, avec deux
boutons de plomb ; une autre d'hyacinthe ; une mine de cuivre, avec
malachite & fluors cubiques, jaunes & violets, & une mine de cuivre chatoyante.

301 Quatre autres, ſavoir ; mine de

cuivre, colorée, de Hongrie ; on remarque sur sa surface de petites aiguilles de plomb blanc ; mine de cobalt, grise, avec cobalt gorge de pigeon & fleurs violettes, des Deux Ponts ; un gros morceau de manganaise grise, & un petit de manganaise noire.

302 Cinq morceaux de mines, savoir ; mine de fer friable, rouge, en lames ; deux morceaux de cuivre crystallisés, colorés ; un de cuivre natif, & un de galène brillante, à grands cubes.

303 Cinq autres, savoir ; cinabre, dans une mine de fer en lames crystallisées, très brillantes, de Souabe ; mine de mercure, grise, avec mercure coulant ; mine de plomb spathique blanc crystallisé ; mine de cobalt, grise, en partie végétée.

304 Mine de fer spéculaire, crystallisée, & quatre crystallisations de quartz, dont deux avec cuivre coloré, & une verd de montagne.

305 Cinq morceaux de mines, savoir ; mine d'antimoine en lames, hématite, noire, crystallisée ; mine d'arsenic tigrée ; mine d'antimoine striée,

mamelonnée, & un beau morceau
de galêne à petites cubes.

306 Six morceaux de mines ; une de
cobalt verd , avec fleurs violettes ;
une de plomb teſſulaire , dans un
ſpath cryſtalliſé ; une d'antimoine
rouge ; une de cuivre bleu cryſtalliſé : deux galênes ; l'une en feuilles de chêne ; l'autre avec ſpath violet , en petits cryſtaux en crête de
coq.

307 Six autres , ſavoir ; mine de plomb
gorge de pigeon chatoyante ; trois
variétés de mine de cuivre vert ;
un morceau de ſel gemme , & un
grouppe de pyrites , ſur du quartz.

308 Six morceaux , ſavoir , mine de
cuivre à facettes ſpéculaites ; mine
de fer friable , brillante ; mine de
plomb , cryſtalliſée , végétée ; mine
d'antimoine en lames, de Hongrie ;
une pyrite mamelonnée , & une
geode de fer en aiguilles.

309 Six morceaux ; un de Wolfram
ſtrié , un d'argent gris cryſtalliſé ,
un de cuivre vert avec aiguilles de
plomb blanc , un de vert de montagne cryſtalliſé ; un de cuivre co-
oré , & un de plomb.

310

310 Six morceaux , dont un de mica
contenant des grenats : les autres
font mines de plomb & cuivre cryftallifées.

311 Six autres : favoir , mine d'argent
grife , avec une jolie cryftallifation
de fpath en crête de coq ; mine de
cobalt grife cryftallifée; galene avec
cryftaux de plomb blanc ; fleurs de
cobalt violetes ; fer fpathique , de
Baffe-Navarre , & autres.

312 Six morceaux , dont trois de cuivre cryftallifé , coloré ; un de plomb
mamelonné, cryftallifé ; marcaffites
dans un fchift , & autres.

314 Six autres : favoir , un grouppe
de fpath cubique , couleur d'aigue
marine ; une cryftallifation calcaire
en chou-fleur ; une autre en forme
de végétation ; une mine de fer en
lames fpéculaires ; une de fer fpathique ; une de fer folide rougeâtre.

315 Sept morceaux de mines : favoir ,
fpath cryftallifé en petites lames ,
avec pyrites : deux variétés de mine
de plomb ; mine de fer fpathique ;
mine de fer fabloneufe ; deux morceaux de cuivre colorés , cryftalli-

fés, avec fpath & verd de montagne.

316 Huit autres, dont trois de mines
d'argent grifes, deux de cobalt,
deux de plomb, & un d'antimoine.

317 Sept gros morceaux de mines de
cuivre colorées, un de plomb, &c.

318 Sept morceaux, dont un de plomb
déchiqueté, avec plomb blanc en aí-
guilles ; plomb avec charbon de terre ; plomb blanc en lames ; une jolie mine de fer, & autres morceaux
de fpath cryftallifés.

319 Sept variétés, de plomb, de cuivre, dont plufieurs avec verd de
montagne.

320 Sept morceaux, dont un de fer
micacé, brun, friable, avec très fines aiguilles de plomb blanc ; un de
fer fpéculaire cryftallifé ; deux de
plomb, & autres de cryftallifations.

321 Trois boîtes : l'une de fragments
d'améthyfte, une de marcaffites do-
decaedres, & autres, & une de cuivre bleu en grains.

322 Huit morceaux, dont un de prime d'émeraude polie, avec mine
de plomb. Plomb verd cryftallifé

dans une mine de fer : plomb blanc en aiguilles ; mine de fer avec cinabre ; mine d'argent gris ; mine de cuivre foyeux , & deux variétés de mine de plomb.

323 Six autres , dont mine de cuivre verte dans le grès , mine de cuivre verte dans un fpath , & quatre morceaux de fer , dont deux fpéculaires cryftallifés , de Souabe.

324 Huit morceaux : favoir , cuivre dépofé par cémentation ; cuivre coloré , cryftallifé ; pyrites cryftallifées avec fpath : trois morceaux variés de mine de plomb ; une hématite noire , & une mine de fer fpéculaire en lames.

325 Un morceau de plomb blanc cryftallifé en tombeau , du Hartz ; une pyrite , & fix variétés de mine d'argent gris.

326 Huit morceaux , argent gris , cuivre cryftallifé , & autres.

327 Sept morceaux : favoir , un de cuivre jaune , avec verd de montagne ; trois variétés de mines de plomb ; une mine de fer , une de cuivre cryftallifé , & une cryftallifation avec pyrites.

328 Neuf morceaux, dont cuivre
    foyeux, verd ; mines de fer, de
    plomb, & autres.

329 Neuf autres, dont mine de plomb
    noire, dans un fchift ; cuivre vert
    avec aiguilles de plomb blanc ; deux
    morceaux de blende, un de fer fpa-
    thique, un de plomb blanc ; cuivre
    coloré, & autres.

330 Neuf morceaux, dont cuivre co-
    loré, manganèfe, plomb, argent,
    & autres.

331 Neuf morceaux, dont mine de
    plomb blanche en groffes aiguilles
    raffemblées en faifceaux, & au-
    tres morceaux de cuivre colorés,
    & autres.

332 Dix morceaux de mines variées,
    dont mines de cuivre cryftallifées,
    argent gris, pyrites, & autres.

333 Treize morceaux variés, dont
    amiante, cuivre, fer fpéculaire,
    cryftallifation, & autres.

334 Quinze morceaux de cuivre colo-
    rées, argent gris, & autres.

335 Dix-huit morceaux, dont plufieurs
    variétés, de maganèfe, cobalt,
    fer, cuivre, & autres.

335 * Vingt autres.

336 Vingt autres, dont cobalt, gorge de pigeon, fer cryftallifé, foufre rouge, antimoine, fleurs de cobalt, mines d'étain, & autres.

337 Vingt-huit morceaux de mines, dont cuivre vert, plomb, pyrites, & autres.

338 Dix-huit *Idem.*

339 Vingt-deux *idem*, & mines d'argent.

340 Vingt-deux *idem.*

341 Dix-huit *idem.*

342 Vingt-un *idem.*

343 Vingt-huit *idem.*

344 Dix morceaux : favoir, trois de verre, métaux, une matte de fer, & fix morceaux de laves.

345 Trente-trois petits morceaux de mines choifies, dont un de vrai alun de plume, blende, foufre jaune, hématite, cuivre vert, cryftaux d'étain, antimoine cryftallifée, cuivre foyeux, & autres cryftallifations de quartz & de fpath.

346 Vingt-huit morceaux, dont cuivre foyeux, cuivre vert cryftallifé, & autres cryftallifations & mines.

346* Vingt morceaux de mines de cuivre, de plomb, de fer, & autres.

347 Vingt *idem.*

348 Vingt-quatre *idem.*

349 Environ cent morceaux de différentes mines.

350 *Idem.*

351 *Idem.*

Marbres.

352 Une suite de 335 morceaux choisis de marbre, d'Italie & de France, réguliérement taillés de la grandeur d'une carte.

353 Vingt-quatre plaques de marbre, jaspe, albâtre, d'Italie & de France.

354 Trente-deux *idem.*

355 Vingt *idem.*

356 Six plaques choisies de marbres rares, dont un de vert antique, deux de breche noire antique, une d'albâtre, une de serpentin vert, un caillou du Havre, & une cuvette d'agate, d'Allemagne.

357 Six plaques d'albâtre variées, riches en couleur.

358 Trente échantillons quarrés de marbre de Flandre & d'Italie.

359 Vingt-sept échantillons de marbres d'Italie, & autres bien choisis, de la grandeur d'une carte.

560 Cinquante - cinq échantillons de marbre, de différentes mesures.

361 Vingt-quatre blocs de différents marbres , agate , albâtre , & autres.

362 Deux grands morceaux de marbre, breche violete.

363 Onze morceaux : favoir , cinq plaques de marbre d'Italie , deux de jafpe vert & jaune, de Sicile ; un de porphyre vert, bois pétrifié , & autres.

Pierres variées.

364 Un gros morceau d'asbefte vert fpéculaire , entre deux couches , l'une de mica vert , l'autre d'asbefte blanc.

365 Un morceau d'amiante argentée & ftriée, de Hongrie , & deux gros canons de cryftal de roche à facettes , contenant de l'amiante , & autres accidents , de Boheme.

366 Un gros & beau morceau de zéolithe cryftallifée & foyeufe, avec lames de fpath quadrangulaires. Cette pierre eft rare & finguliere par fa propriété de fe diffoudre en gelée par les acides.

367 *Idem.*

368 Neuf morceaux, dont quatre de
flo. ferri végété, deux de gyps soyeux
& argentin, de la Chine ; un d'asbeste marbré, un de spath rhomboïdal, & un canon de spath.

369 Sept morceaux : savoir, une grosse
pierre de Boulogne ; un morceau
de crystal, de Madagascar ; un d'a-
miante, un de quartz avec cavités
cubiques, un caillou mameloné, &
deux morceaux de charbon de terre
chatoyants, de Nassau.

370 Quatre gros crystaux de gyps, de
Montmartre, de plus d'un pied de
long, & trois stalactites.

371 Dix sept morceaux de laves grises,
avec crystaux, de Basalte, & autres.

Stalactites.

372 Un très gros bloc de stalactite satinée, blanche, agréable.

373 Deux très grandes stalactites calcaires, dont une mamelonée.

374 Deux grosses stalactites calcaires,
l'une en grappe de raisin, l'autre en
oreille de cochon.

375 Deux stalactites calcaires mame-

lonées., l'une jaune, l'autre verdâtre.

376 Deux stalactites calcaires, l'une en globules mamelonées, l'antre en *flos ferri.*.

377 Douze morceaux de stalactites en tubes, & trois morceaux de fer spéculaires.

Spath crystallisé.

378 Un très beau & gros morceau de spath perlé, disposé en cubes, sur une crystallisation de quartz brillante.

379 Un très beau grouppe de spath crystallisé en losange, en lames diversement inclinées sur un filon d'amethyste, le dessous est un spath à fines aiguilles, de Hongrie.

380 Un très beau & rare morceau de spath blanc disposé en dendrites, & crystallisé.

381 Une très jolie crystallisation de spath transparent, en tuyaux de plumes papiracés : ce morceau rare & agréable vient de Sainte Marie.

382 Une belle crystallisation de quartz

blanc tranſparent , avec ſpath perlé
argentin.

383 Un morceau , très agréable & rare ,
de ſpath cryſtalliſé en aiguilles avec
ſpath perlé brun & ſemés de quatorze boutons de ſpath blanc figurés
en dragées , de Hongrie.

384 Deux grouppes choiſis de ſpath
cryſtalliſé , l'un en crête de coq pa-
piracée , l'autre en écailles de poiſſon.

385 Spath lenticulaire à gros boutons ,
ſur un ſpath perlé, de couleur brune,
de Fribourg.

386 Une très agréable cryſtalliſation
de ſpath perlé , déchiquetée.

387 Un grouppe conſidérable de ſpath
verdâtre , de plus d'un pied de diametre.

388 *Idem.*

389 Très gros morceau de ſpath perlé ,
à gros boutons.

390 Un joli morceau de ſpath lenticulaire , violet , ſur un quartz chatoyant , de Bohême.

391 Un beau & fort grouppe de ſpath
perlé , mamelonné argentin.

392 Deux morceaux de ſpath , l'un len-

ticulaire à gros boutons, l'autre en pointes triangulaires.

3.93 Deux beaux groupes de ſpath perlé, variés.

394 Un grouppe de fluor de ſpath cubique, couleur d'aigue marine, & un de ſpath perlé, diſpoſé en groſſes aiguilles triangulaires.

395 Deux morceaux de ſpath cryſtalliſés, de choix, l'un jaune, en lames déchiquetées, l'autre en petites colonnes à ſix pans.

396 Deux gros blocs, l'un de fluor cubique, d'aigue marine, & l'autre de mine de cuivre verte ſatinée.

397 Un grand morceau de fluor cubique, violet, & un beau bloc de mine de cuivre colorée.

398 Un grand morceau de ſtalactite d'albâtre veinée de blanc & de rouge imitant le lard.

399 Un ſpath en aiguilles, un lenticulaire, & cryſtalliſation de quartz druzen.

400 Cinq morceaux : ſavoir, un ſpath perlé, noir, coloré par le fer ; une cryſtalliſation calcaire en aiguilles, un ſpath cryſtalliſé en crête de coq,

un ſpath ferrugineux noir & blanc,
& un cryſtal brun.

401 Un beau grouppe de ſpath blanc
en écailles de poiſſon, un de ſpath
perlé, brun, & trois autres.

402 Un beau grouppe de ſel marin cubique.

403 Un ſpath en écailles de poiſſon,
un perlé, jaune, brillant, mamelonné.

404 Deux ſpaths lenticulaires, dont un
rare, en ce que chacun des cryſtaux
eſt percé dans le milieu, & rempli
d'une matiere hétérogêne, & deux
cryſtallifations de quartz.

Cryſtaux de roche en maſſe.

405 Un morceau de cryſtal poli, dans
l'intérieur duquel on remarque divers accidents de mouſſe argentine,
& autre : ce morceau mérite conſi-
dération, un autre moins riche.

406 Un gros morceau de cryſtal, de
Madagaſcar, avec iris, & de belle eau.

407 Un beau bloc, idem, poli, de plus
d'un pied de diametre.

408 Idem, moins gros, mais plus tranſparent.

409 Deux idem, bruts.

Cryſtal de roche en aiguilles.

410 Un grand & beau grouppe de
cryſtal de roche, d'une belle eau,
d'environ 10 pouces dans ſon grand
diametre.

411 Idem, à plus groſſes aiguilles.

412 Idem, moins fort, auſſi de la plus
belle eau.

413 Un très beau grouppe de canons
de cryſtal de roche tranſparent, de
la plus belle eau, la baſe eſt colorée
en verd par le cuivre de Suiſſe.

414 Un grouppe de cryſtaux bruns
d'une belle eau, entaſſés les uns ſur
les autres.

415 Un beau grouppe de gros canons,
de cryſtal de roche, de Suiſſe.

416 Un autre de cryſtaux de roche,
en mamelon, du Hartz.

417 Un caillou d'Egypte cryſtalliſé en
géode, & poli, & une aiguille de
cryſtal avec iris & accidents.

418 Deux jolis grouppes de canons de
cryſtal de roche, d'une belle eau,
ſur des pieds de bois noirci.

419 idem.

420 Un grouppe de canons de cryſtal
brun.

Quartz cryftallifé.

421 Un grand & beau morceau de quartz cryftallifé, ftrié, tranfparent, & chargé de pyrites & de fpath perlé, le deffous eft un fpath lenticulaire, du Hartz, 18 pouces de long, fur 11 de large.

422 Un grand morceau de cryftallifation de quartz-druzen, de plus d'un pied & demi en quarré.

423 Un morceau de quartz-druzen, recouvert de fpath perlé d'un pied & demi de diametre.

424 Idem, moins fort.

425 Un très gros bloc de quartz-druzen, avec ocre ferrugineufe.

426 Deux morceaux de quartz cryftallifé, l'un avec iris chatoyante, l'autre en lames.

427 Deux autres, un dont les cryftaux font tapiffés de plus petits cryftaux brillants, l'autre eft femé de petits cryftaux de fpath perlé, bruns.

428 Deux morceaux, l'un de quartz-druzen, couleur d'eau, avec des cryftaux ifolés de fpath cubique, fauffe aigue marine; l'autre un fpath, à

aiguilles concentriques très brillants.

429 Trois belles cryſtalliſations choi-
ſies, de quartz, dont une d'améthyſte.

430 Deux très jolies cryſtalliſations de
quartz recouvertes de ſpath perlé,
l'une jaune, l'autre blanche.

431 Trois jolies cryſtalliſations de
quartz déchiquetées & couppées,
dont une brune.

432 Très belle cryſtalliſation de quartz-
druzen blanc en crête de coq, & une
autre dans un ſilex.

433 Une géode d'améthyſte, & un
quartz-druzen avec ſpath perlé.

434 Quatre gros blocs de cryſtalliſations de quartz variées.

435 Une cryſtalliſation brune, de Hongrie, une de quartz avec mine de
fer, du Furſtemberg, & une à petits
canons de cryſtal de roche, ſur une
matrice de roc, du Piémont.

436 Une variétés de quartz-druzen,
tranſparents, du Hartz.

437 Une cryſtalliſation de ſpath cubique blanc, opaque, recouverts de
cryſtaux de quartz blanc, avec ſpath
perlé, & pyrites de Saxe, une de

ſpath lenticulaire, & une de quartz-
druzen blanc.

438 Cinq morceaux de cryſtalliſations
de quartz brillants.

439 Trois idem, dont une chatoyante.

440 Cinq idem, dont une améthyſte,
une avec pyrites.

441 Sept idem.

442 Cinq morceaux, dont une cryſtalliſation quartzeuſe en lames mamelonnées avec verd de montagne de
Sibérie; autre colorée en noir par le
fer, dans une mine de fer, de Bohême; autre en grains d'orgé, du
Hartz, mine de fer micacée, recouverte de quartz-druzen, de Sainte
Marie; une cryſtalliſation ferrugineuſe, mamelonnée, de Bohême.

443 Une cryſtalliſation quartzeuſe,
mamelonnée, & trois variétés de
geode d'amethyſte.

444 Quatre morceaux de quartz-druzen tranſparent.

445 Quatre *idem*, & un morceáu de
fer ſpéculaire cryſtalliſé, de Souabe.

446 *Idem*.

447 Vingt petits morceaux choiſis des
cryſtalliſations de quartz ci-deſſus
cités.

448 Vingt *idem.*

449 Quinze *idem.*

450 Six gros morceaux de quartz tranſparent, cryſtalliſés.

451 Vingt petits morceaux de cryſtalliſation de quartz choiſis.

452 Vingt autres.

453 Vingt *idem.*

454 Vingt *idem.*

455 Vingt *idem.*

456 Vingt *idem.*

457 Vingt *idem.*

458 Vingt *idem.*

459 Vingt *idem.*

460 Vingt *idem.*

461 Vingt *idem.*

Cryſtalliſations variées.

462 Deux jolies cryſtalliſations, l'une
de quartz blanc tranſparent, avec
points pyriteux, du Holſtein ; l'autre de ſpath cubique violet, recouvert de ſpath perlé, de Boheme.

463 Un beau grouppe de ſpath cryſtalliſé en dents de cochon, & un de
cryſtaux de roche bruns avec mica.

464 Deux autres morceaux, l'un de
ſpath cubique, ſemé de pyrites ré-

guliérement cryſtalliſées, & de forme agréable ; l'autre de quartz-druzen , avec cryſtaux de ſpath cubique
verdâtre.

465 Trois morceaux, l'un de quartz-
druzen blanc , en ſtalactite , avec
ſpath perlé gris cendré , la baſe contient de l'argent , de Sainte-Marie ;
un autre de quartz bleuâtre tranſparent , ſemé de cryſtaux de même forme , mais blancs & opaques , avec
ſpath brun perlé , du même endroit;
& un ſpath perlé , jaune, lamelleux,
auſſi de Sainte-Marie.

466 Trois autres : ſavoir, fluor cubique , de Boheme , quartz-druzen,
très brillant , ſur une baſe ferrugineuſe, du Hartz; & quartz - druzen , brun, avec cryſtaux de ſpath,
de Bohême.

467 Trois autres : ſavoir, une géode
d'améthyſte , un ſpath blanc déchiqueté , & un morceau compoſé de
deux variétés de ſpath en pointes de
clou.

468 Quatre morceaux de cryſtalliſation : ſavoir, une de quartz - druzen , à gros cryſtaux avec blende ,
de Sainte-Marie ; une géode d'amé-

thyſte, de Bohême ; un ſpath perlé entaſſé, & une ſtalactite calcaire cryſtalliſé.

469 Quatre autres, dont quatre plaques de cryſtal, de Madagaſcar, polies ; un morceau de ſpath en aiguilles polies, & un de quartz cryſtalliſé en grains d'orge.

470 Six morceaux, dont une cryſtalliſation calcaire, une géode d'améthyſte, deux morceaux d'argent gris, & autres.

471 Une géode quartzeuſe cryſtalliſée, & trois cryſtalliſations calcaires, dont deux ſtalactites.

472 Une grande géode d'améthyſte, & un bloc de ſpath, dent de chien en géode.

473 Deux géodes cryſtalliſées dans l'intérieur, & une cryſtalliſation quartzeuſe, avec argent gris & ſpath perlé.

474 Trois morceaux, dont un beau morceau de ſpath à ſix pans ; un de ſpath cubique violet, recouvert de ſpath perlé, & un quartz-druzen.

475 Quatre autres : ſavoir, un ſpath cryſtalliſé en pointes de clou ; deux

quartz - druzen , & une mine de cuivre dans le ſpath.

476 Quatre morceaux : ſavoir , une ſtalactite mamelonée , un fer ſpathique ; deux quartz - druzen , blancs tranſparents.

477 Cinq autres, dont deux de ſpath cryſtalliſés , & trois de quartz-druzen.

478 Six morceaux : ſavoir , une ſtalactite mamelonée calcaire ; un groupe de cryſtaux de ſpath ſur une galene ; un quartz - druzen , ſur galene avec pyrites ; une autre avec ſpath cubique , couleur d'aigue-marine ; une autre recouvert de fleurs arſenicales avec cuivre coloré , & une mine de fer cryſtalliſée en lames.

479 Deux cryſtalliſations , dont une en crête & mamelons , l'autre de ſpath perlé , ſur un quartz-druzen , brillant.

480 Trois autres : ſavoir , un de fer ſpathique recouvert de ſpath ferrugineux ; un quartz-druzen , lameleux , & un avec ſpath perlé.

481 Cinq autres , dont un cryſtal , de

Madagaſcar; une géode d'améthyſte;
un ſpath perlé brun, & deux quartz-
druzen.

482 Quatre gros morceaux de cryſtalliſation, dont une pierre à fuſil cryſtalliſée ; deux ſpaths dent de cochon , & une ſtalactite ; une jolie
cryſtalliſation de quartz caverneux ,
déchiqueté , blanc.

483 Deux autres , & un ſpath perlé ,
brun.

484 Six morceaux de cryſtalliſation ,
dont un de *flos ferri*, trois de quartz,
& un de ſpath perlé , brun.

485 Trois autres de choix ; l'un de
ſpath perlé , brun ; l'autre de ſpath
perlé , blanc , & un de quartz-druzen , brillant.

486 Cinq morceaux variés de cryſtalliſations calcaires , dont une de *flos
ferri* , une en crête de coq , gypſeu-
ſe , une en chou fleur , & autres.

487 Cinq autres de quartz , dont une
avec vert de montagne & ſpath cubique verdâtre ; une de ſpath perlé,
brun , avec fer ſpéculaire , & autres.

488 Trois morceaux de choix : ſavoir ,
un de ſpath perlé , brun ; un de
ſoyeux , & fauſſe aigue-marine cu-

bique, & un beau grouppe de fer
ſpéculaire.

489 Six morceaux, dont trois de quartz-
druzen ; un de ſpath mameloné,
ferrugineux ; un de fer ſpéculaire
cryſtalliſé ; un de plomb micacé,
brillant.

490 Six autres : ſavoir, un quartz-
druzen, brillant ; un avec cuivre
ſoyeux, vert ; un ſpath lenticulaire,
avec plomb ; une hématite caver-
neuſe ; un fer ſpéculaire en lames
brillantes, couleur d'acier.

491 Trois morceaux intéreſſants : ſavoir, un de fer ſpéculaire très brillant, en petites lames ; un ſpath
perlé, brun argentin, & un en écailles de poiſſon.

492 Cinq morceaux, dont un de fer
du n°. précédent ; deux de quartz
cryſtalliſés, colorés en rouge ; un
blanc ; une ſtalactite cryſtalliſée en
chou-fleur.

493 Six morceaux : un de fer du n°.
précédent, un de vert de montagne,
& quatre quartz-druzen, variés.

494 Cinq morceaux : ſavoir, un de fer
cryſtalliſé ; un de ſpath cryſtalliſé,
lamelleux, brun & brillant, avec
quartz ; & trois quartz-druzen.

495 Quatre belles cryſtallifations, couleur d'or, dont une de quartz, & trois de ſpath perlé.

496 Deux morceaux choiſis, l'un de ſpath cubique aigue marine, recouvert de petits cryſtaux de quartz; l'autre de beau quartz-druzen, brillant.

497 Sept morceaux de cryſtallifations, dont un de ſpath, écaille de poiſſon; un avec vert de montagne; un pouding brut, de nos pays, & autres de quartz-druzen.

498 Cinq morceaux, dont trois de quartz-druzen; un de fer ſpéculaire cryſtallifé; un de ſpath, avec verd de montagne.

499 Un beau morceau de galêne à grands cubes, & quatre cryſtallifations de quartz brillantes.

500 Quatre morceaux, ſavoir, un de fer ſpéculaire cryſtallifé; un quartz-druzen choiſi, avec fluor fauſſe aiguë marine; un avec ocre, & autres.

501 Un fer micacé, brillant, & un beau ſpath en écaille de poiſſon.

502 Six morceaux de mines variées,

dont deux très beaux morceaux de fer ſpéculaire cryſtalliſé.

503 Deux morceaux de fer idem.; un quartz - druzen, avec cuivre verd ſoyeux, & un ſpath perlé, brun.

504 Cinq gros morceaux, dont deux de fer ſpéculaire, & trois de quartz cryſtalliſés.

505 Cinq idem.

506 Six idem.

507 Six gros morceaux de cryſtalliſa- tions variées.

508 Sept cryſtalliſations de quartz & de ſpath varié.

509 Sept autres, dont pluſieurs avec argent gris.

510 Six autres, dont une d'amé- thyſte.

511 Huit gros morceaux de cryſtalliſa- tions de quartz & de ſpath va- riées.

512 Huit idem, de choix.

513 Huit idem, dont un flos ferri; une améthyſte, recouverte d'ocre ferrugineuſe.

514 Huit idem, de couleur d'or.

515 Huit morceaux, dont une pierre porc ſpathique; un Gyps rhomboï- dal.

·dal, & autres cryſtalliſations, dont
pluſieurs avec verd de montagne,
fer ſpéculaire.

516 Dix morceaux, dont un de fer
ſpéculaire ; un de plomb, avec argent ; les autres de cryſtalliſations
brillantes variées.

517 Six morceaux, dont un de fer
ſpéculaire ; un de quartz-druzen,
avec cuivre verd ſoyeux ; un de
quartz lamelleux cryſtallifé, avec
mine de fer, & autres accidents, &
trois morceaux de quartz-druzen.

518 Dix morceaux, dont un cuivre
ſpéculaire, en grandes lames brillantes ; un ſpath cryſtallifé, & huit
quartz-druzen.

519 Dix cryſtalliſations variées de
ſparth & de quartz.

520 Dix idem.

521 Dix idem, choiſis.

522 Douze idem.

523 Dix idem.

524 Vingt cryſtalliſations brillantes,
la plupart colorées.

525 Vingt-quatre idem.

526 Dix idem.

527 Dix idem.

D

528 Dix idem.

529 Dix idem.

530 Quinze morceaux de cryſtalliſations, dont une de ſpath rhomboïdal d'Iſlande ; un autre ſpath, &
treize de quartz-druzen.

531 Quatorze autres, dont deux de
ſpath, & douze de quartz-druzen.

532 Quinze morceaux de cryſtalliſations, ſtalactites, cailloux d'Egypte,
geode d'améthyſte, & autres.

533 Une geode d'améthyſte montée
en ſimilor, pour former une boîte.

534 Dix jolis morceaux de cryſtalliſations, dont un de fer ſpéculaire
cryſtalliſé.

535 Dix autres, dont deux de fer
cryſtalliſé.

536 Un quartz, avec cuivre ſoyeux;
un plomb noir, micacé, & autres,
en tout douze morceaux.

537 Huit gros morceaux de cryſtalliſation, & deux de fer ſpéculaire.

538 Idem.

539 Ce numéro & les ſuivants, juſques & compris le numéro 559 ſont
compoſés chacun de trente morceaux

de cryſtalliſations, de quartz & de ſpath, la plupart très jolis.

560 **V**ingt morceaux de cryſtalliſations, de quartz, ſpath, fer ſpéculaire.

561 Neuf cryſtalliſations, dont deux
avec verd de montagne ; deux ſpaths
perlés jaunes, & autres de quartz.

562 Ce numéro & les ſuivants, juſques & compris 572, ſont compoſés chacun de dix morceaux de cryſtalliſations quartzeuſes & ſpathiques
choiſis, & de mines de fer ſpéculaire cryſtalliſé.

Blocs d'agate & cailloux polis.

573 Un gros bloc de caillou poli, agatifié, imitant le bois pétrifié.

574 Huit blocs de jaſpe ſanguin, &
agate rubannée, d'Allemagne, de
couleurs variées, polis d'un côté.

575 Douze idem d'agate & jaſpe
fleurï ; neuf blocs d'agate ; cailloux d'Égypte, & autres :

576 Douze petits cailloux Onyx, poli
d'un côté, & garnis de petits cryſtaux d'hyacinthe de l'autre.

D ij

577 Quinze petits cailloux onyx, pareils aux précédents.

578 Douze blocs d'agate & jaspe polis.

679 Dix morceaux d'agate, cailloux d'Egypte, spath poli, bois agatifié, poli, adhérent à un caillou.

580 Quinze morceaux de jaspe fleuri, jaspe sanguin, cailloux, & agate polis d'un côté.

581 Quatorze blocs d'agate, polis d'un côté, de couleurs variées.

582 Sept blocs d'agate rubanée, des plus belles couleurs, & un de jaspe fleuri.

583 Douze autres.

584 Sept autres, savoir ; deux blocs d'agate à rubans ; une avec accidents pourpres ; un de jaspe fleuri ; un de jaspe verd, & deux de prime d'améthyste, tous polis.

585 Trois blocs de choix, polis d'un côté, savoir ; un de prime d'améthyste ; un d'agate rubannée ; un de jaspe fleuri, jaune, sur un fond crystallisé.

586 Une pierre de Florence, représentant des ruines d'architecture ;

quatre cailloux polis, dont un d'E-
gypte, arborifé, de choix ; un morceau de bois agatifié , noir.

587 Vingt-huit petites fardoines orientales , brutes.

588 Un gros bloc de jafpe rouge , &
un de jade rubanné, poli.

589 Trois blocs ; l'un de cailloux gris
rubanné ; un de marbre, dans lequel
on diftingue des cubes , & un d'a-
gate.

590 Deux autres blocs, polis d'un
côté ; l'un de pouding d'Angleterre ;
l'autre d'agate d'Allemagne, à rubans.

591 Treize morceaux de cailloux bruts;
cailloux d'Egypte ; jafpe , & autres.

592 Trois blocs polis ; dont un caillou d'Angleterre ; une mine de
plomb, dans un fpath verdâtre, &
une granite.

593 Vingt-fix morceaux d'agate, &
cailloux , dont portion polie d'un
côté.

594 Quarante morceaux de fragments
d'agate.

D iij

Bôîtes & cuvettes d'agate.

595 Une boîte à mouche d'agate jaune, montée en argent.

596 Une boîte en cuvette, de beau bois agatifié, sanguin, & son couvercle.

597 Trois tabatieres, dont deux incomplettes, de bois pétrifié, & une de composition.

598 Deux tabatieres en quatre pieces; l'une de caillou d'Egypte arborifé; l'autre de jaspe sanguin.

599 Une grande cuvette de jaspe une petite de sardoine orientale, & deux cuillers de jaspe sanguin.

600 Quatre cuvettes, dont deux de cailloux d'Egypte, & deux d'agate.

601 Trois petites cuvettes de jaspe sanguin, & deux d'agate d'Allemagne, à rubans.

602 Sept bagues montées en cuivre d'agate arborisée, & autres.

603 Onze petites cuvettes de cornaline; jaspe sanguin, agate rubannée, & autres.

604 Onze morceaux, savoir ; cinq petites cuvettes d'agate d'Allemagne ; grande cuvette de lapis, cassée ; un hochet d'agate ; quatre morceaux de jaspe sanguin, & autres.

Plaques d'agate, *Jaspe & Cailloux.*

605 Cinq morceaux de choix, savoir ; un d'avanturine naturelle ; un de jaspe verd transparent, une agate de Sibérie de la plus riche couleur ; une agate œillée, & un caillou du plus beau rouge sanguin.

606 Une belle sardoine d'une belle eau ; deux morceaux de lapis lazuli, & une agate.

607 Une plaque de jaspe de Sicile, jaune, crystallisée, & deux de jaspe sanguin, à rubans.

608 Quatre onix de cornaline, & un cachet de jaspe sanguin.

609 Trois agates arborisées, Orientales, avec accidents variées.

610 Deux belles plaques de sardoine d'Orient, & une grande de jaspe.

611 Sept plaques, savoir ; quatre de jaspe, dont un de Sicile ; un caillou

d'Egypte, un jaune, & une grande
d'agate jaune.

612 Quatre autres, favoir; deux belles plaques de cailloux d'Egypte,
choifies, & deux d'agate à rubans,
pourpre, fur un fond cryftallifé.

613 Quatre plaques : favoir, une belle
de caillou d'Egypte avec rubans
bleus, fauves & bruns, concentriques; une d'agate, d'Allemagne,
fond blanc, à taches aurores ; une à
rubans lilas de la plus belle couleur,
& une autre.

614 Cinq autres : favoir, deux belles
de jafpe fleuri, deux de cailloux
jaunes, & une d'agate, d'Allemagne, rouge & blanche.

615 Deux plaques de fardoine d'O-
rient, riches en couleur, deux de
jafpe fanguin, & une d'agate rubannée, d'Allemagne.

616 Deux plaques d'agate, d'Orient,
rubannées ; une de cornaline rouge ;
une de rouge, & une de beau jafpe
verd, tranfparent.

617 Six autres : favoir, une agate arborifée, Orientale ; une plaque de
jafpe fanguin ; deux de cornaline

rouge ; deux de blanche , & une de jade.

618 Six autres plaques , dont une de jaspe sanguin , fleuri ; deux d'agate orientale , à rubans blancs ; une bleue , jonquille & fauve ; une de cornaline ; une d'agate d'Orient arborisée & une d'agate œillée.

619 Deux grandes & belles plaques de bois pétrifié , polies ; & deux d'astroïtes.

620 Cinq plaques d'agate de choix : savoir , une avec une croix violette sur un fond gris ; deux d'agate à filets contournés , aurores , sur un fond pourpre ; une onyx , & une agate rouge.

621 Deux belles plaques de jaspe sanguin , à grandes taches.

622 Une belle plaque d'agate d'Orient , panachée d'arborisations noires ; une de jaspe verd transparent ; deux de sanguin , & une d'agate jaspée.

623 Trois plaques d'agate gravées , dont une grande représente Vénus & deux Amours ; une Arion sur le dauphin , & l'autre deux Amours.

D v

624 Une boîte en six morceaux, de beau jaspe sanguin.

625 Un agate arborisée, orientale, transparente, & deux de beau jaspe sanguin.

626 Trois morceaux de jaspe sanguin, une plaque de jaspe, verd de poreau; deux de jaspe fleuri, avec pyrites; une de sardoine orientale, & deux agates rubannées, de choix.

627 Cinq plaques de choix : savoir, une agate arborisée orientale; deux de jaspe sanguin; une de jaspe fleuri, rouge, très beau; & une agate rubannée, riche en couleur.

628 Trois belles agates arborisées, orientales.

629 Une plaque d'agate orientale, rubannée; deux de cornaline rubannée; une de jaspe sanguin; une de jaspe fleuri, & une d'agate, d'Allemagne.

630 Cinq plaques de jaspe sanguin, & Quatre d'agate, d'Allemagne, variées.

631 Huit pieces : savoir, une cuvette de sardoine orientale; deux plaques de jaspe rouge; deux de sanguin; deux d'agate rubannée, d'Allemagne, & une de Lumachelle.

632 Huit plaques, dont trois d'agate orientale, deux de cornaline, deux de caillou d'Egypte, un de jaspe sanguin.

633 Dix plaques : savoir, une d'agate orientale rubannée; trois de jaspe fleuri, une de caillou jaune, & cinq d'agate, d'Allemagne, variées.

634 Huit plaques, dont deux de jaspe sanguin, trois de caillou, & trois de cornaline.

635 Dix huit petits échantillons de lapis, agate d'Orient, cornaline onyx, caillou d'Egypte, & autres.

636 Sept plaques, dont deux agates orientales arborifées, deux cornalines onyx, une petite agate saphirine, d'une belle eau, un caillou œillé, & un jaspe sanguin.

637 Cinq autres, dont deux d'Allemagne rubannées, deux de jaspe rouge, & un caillou jaune, poli.

638 Trois plaques, dont un lapis un caillou d'Egypte, & une serpentine.

639 Six plaques, une de jaspe, de Sicile, une de prîme d'amethyste, deux cailloux polis, & une cuvette de prîme d'amethyste blanche.

640 Une grande plaque de caillou d'E-
gypte, un morceau de jaspe sanguin;
un caillou rubanné, rouge & jaune;
trois agates, dont une arborisée.

641 Huit plaques : savoir, deux quar-
rées d'agate herbée, deux de jaspe,
une de caillou, & trois d'agate, variées, dont une de cornaline blanche.

642 Sept autres, dont une d'agate herbée, trois de jaspe sanguin, une d'a-
gate, d'Allemagne, & deux cailloux
polis.

643 Dix-neuf petits échantillons de
cornaline, agate arborisée, cornaline, onyx, & autres.

644 Neuf plaques : savoir, trois d'a-
gate, d'Allemagne; deux de caillou, dont une d'Egypte, & quatre
de jaspe sanguin.

645 Neuf plaques d'agate, & cailloux
de choix.

646 Dix idem, de jaspe sanguin, agate, & cailloux.

647 Dix huit morceaux, dont six d'a-
gate arborisée, brute, trois de lapis,
& autres de jaspe sanguin, cornaline, &c.

648 Neuf plaques de jaspe fanguin, cailloux d'Egypte, agate cryftallifée, & autres.

649 Dix plaques d'agate, caillou, albâtre & autres.

650 Quinze plaques d'agate, jafpe fleuri, granite, & autres.

651 Quinze *idem*.

652 Vingt-huit petits échantillons choifis d'agates orientales, cornalines rouges, blanches, jafpe, &c.

653 Vingt petits échantillons d'agate arborifée, jafpe, cornaline, & autres.

654 Seize *idem*.

655 Dix-neuf pierres grvées en creux, telles qu'agate orientale, hyacinthe, jafpe fanguin, lapis, jade, cornaline, & autres

656 Vingt bates de boîtes en agate, d'Allemagne, rubanée, & autres bois pétrifiés, jafpe fanguin, & autres.

657 Dix-huit morceaux d'échantillons de grenat, améthyfte, cornaline, cryftaux de roche, onyx, jafpe fanguin, chatoyantes, & autres.

658 Un lot de petites pierres fines,

cornalines, topazes brutes cryſtalliſées, rubis, & autres.

659 Ce numéro & les ſuivants, juſques
& compris 665, ſont différents pa-
quets de fragments d'agate, qui ſe-
ront diviſés lors de vente.

666 Dix-neuf échantillons de bois des
Indes, & autres, en plaques quar-
rées, de la grandeur d'une carte.

Madrepores.

667 Un grand rocher garni de cinq
branches de corail rouge, & d'un
lithophyte.

668 Un beau madrepore branchu,
nommé la grande amarante.

669 *Idem.*

670 *Idem.*

671 *Idem.*

671* Un grand madrepore, étroite
feuille, nommé l'agaric.

672 Un grand madrepore, feuilles &
branches.

673 Deux grands madrepores digités,
nommés le plantain.

674 Deux *idem*, & un en épis de bled
formant l'éventail.

675 *Idem.*

676 *Idem.*

677 *Idem.*

678 Deux madrepores, petite amarante.

679 *Idem.*

680 Un madrepore digité en épi, & deux plantains.

681 Une grande aftroïte, & deux madrepores plantains.

682 *Idem.*

683 Un cerveau marin, & deux madrepores plantains.

684 Quatre madrepores en épis, variés, dont deux plantains.

685 *Idem.*

686 *Idem.*

687 Trois grands madrepores digités, variés.

688 *Idem.*

689 *Idem.*

690 *Idem.*

691 *Idem.*

692 Trois petits madrepores, dont un en épi de bled, une petite amarante, & un agaric.

693 Trois petits madrepores, dont deux amarantes, & un agaric.

694 Trois *idem*, dont un plantain.

695 *Idem.*

696 *Idem.*

697 Un madrepore, corne de daim, & un en agaric.

698 Un madrepore, corne de cerf, un cerveau marin.

699 Un madrepore plantain, & un amarante.

700 Un joli madrepore en épi de bled.

701 Quatre petits madrepores digi- tés, de choix.

702 *Idem.*

703 *Idem*

704 Un madrepore plantain, & deux digités.

705 *Idem.*

706 Deux madrepores plantains.

707. Deux méandrites, deux cerveaux marins, & un aftroïte.

708 Deux belles méandrites.

709 *Idem.*

710 Un madrepore, corne de daim.

711 Deux madrepores plantains.

712 Un char de Neptune.

713 Un madrepore en épi de bled, d'un gros volume.

714 Trois petits madrepores bran-
chus, & un agaric.

775 Un madrepore en chou-fleur, &
un agaric.

MÉLANGE.

716 Deux petits magots, à têtes bran-
lantes, habillés en petits grains ;
opales fines, vermeilles ; turquoi-
fes, & autres pierres fines. Ils font
mal confervés.

717 Un droguier, compofé d'environ
deux cents bocaux contenant des
gommes-réfines, & autres drogues
ufitées en médecine.

718 Une grande armoire, de bois de
chêne, à crémaillere, à quatre por-
tes vitrées, & trente tiroirs propres
à contenir des objets d'hiftoire naturelle.

719 Une autre armoire, à grands
carreaux de verre blanc, garnie
de gradins propres au même ob-
jet.

720 Divers autres objets de curio-
fité, qui feront détaillés lors de la
vente.

721 Plusieurs articles de coquilles uni-
valves & bivalves, dont plusieurs
très belles, dont on composera des
articles.

F I N.

Lu & approuvé, ce 27 Janvier 1775.
CRÉBILLON.

*Vu l'Approbation, permis d'imprimer, ce
28 Janvier 1775.*

LE NOIR.

De l'Imprimerie de DIDOT, rue Pavée. 1775.